新冠肺炎疫情
医疗废物应急焚烧处置
70 问

70 Qs about Emergency Incineration
of COVID-19 Medical Waste

张胜田　陈纪赛　王风贺　徐海涛　郑　洋 / 主编

U0345625

中国环境出版集团·北京

图书在版编目（CIP）数据

新冠肺炎疫情医疗废物应急焚烧处置 70 问 / 张胜田等主编 . -- 北京：中国环境出版集团, 2020.4

ISBN 978-7-5111-4325-9

Ⅰ. ①新… Ⅱ. ①张… Ⅲ. ①日冕形病毒－病毒病－肺炎－医用废弃物－垃圾焚化－问题解答 Ⅳ. ① X799.5-44

中国版本图书馆 CIP 数据核字 (2020) 第 053434 号

出 版 人	武德凯
策划编辑	徐于红
责任编辑	赵　艳
责任校对	任　丽
装帧设计	彭　杉

出版发行　中国环境出版集团
　　　　　（100062 北京市东城区广渠门内大街 16 号）
　　　　　网　　址：http://www.cesp.com.cn
　　　　　电子邮箱：bjgl@cesp.com.cn
　　　　　联系电话：010-67112765（编辑管理部）
　　　　　　　　　　010-67162011（第四分社）
　　　　　发行热线：010-67125803，010-67113405（传真）
印　　刷　北京中科印刷有限公司
经　　销　各地新华书店
版　　次　2020 年 4 月第 1 版
印　　次　2020 年 4 月第 1 次印刷
开　　本　880×1230　1/32
印　　张　2.5
字　　数　55 千字
定　　价　10.00 元

全国百强报刊　CEN　中国报纸50强

中国环境报

CHINA ENVIRONMENT NEWS

主管：中华人民共和国生态环境部　　主办：中国环境报社有限公司

7739期
2020年3月
星期一
农历庚子年二月三十 23
今日8版

国内统一刊号：CN11-0085
邮发代号：1-59
中国环境网：www.CENEWS.COM.CN

山东省委书记刘家义在
一切围绕高质量

36天坚守最后一道防线

——生态环境部南京环境科学研究所团队驰援武汉纪实

"13个同志背后是13个家庭"

"最高峰时有10多车医废等着我们处置，很着急"

"不用看新闻，我们都能感觉到疫情在逐步得到控制"

编委会

主 编

张胜田　陈纪赛　王风贺　徐海涛　郑　洋

编写成员（以姓氏笔画为序）

王小峰　王风贺　邓绍坡　许　素　李祥敏　吴国欢

陈纪赛　陈良义　张胜田　周　浩　郑　洋　徐际华

徐海涛　矫云阳　蒋文博

编写单位

生态环境部南京环境科学研究所

南京中船绿洲环保有限公司

南京师范大学环境学院

生态环境部固体废物与化学品管理技术中心

南京工业大学环境学院

安徽广通汽车制造股份有限公司

序

新冠肺炎疫情发生后，党中央、国务院高度重视，迅速作出防控工作部署。生态环境部认真贯彻落实习近平总书记重要指示批示精神，把疫情防控作为当前重大政治任务、最重要工作和头等大事来抓，以湖北为重点、武汉为重中之重，加大支持指导帮扶力度，落实"两个100%"工作要求，不断强化疫情防控相关生态环保工作，全力支持保障打赢疫情防控阻击战。

为响应生态环境部关于加大加快对湖北支持力度的动员部署，生态环境部南京环境科学研究所主动请缨，迅速组织南京中船绿洲环保有限公司、安徽广通汽车制造股份有限公司和南京师范大学等单位13名专业人员，携带6台处置设备，于2020年2月15日驰援武汉市开展医疗废物处置，体现了一方有难、八方支援的深厚情怀。

本书主要由参与驰援武汉市医疗废物处置的技术团队成员编写，是他们多年研究成果和这次抗击新冠肺炎疫情医疗废物应急处置实践经验的总结。本书对新冠肺炎疫情医疗废物应急焚烧处置方法做了系统的介绍，针对医疗废物特征、应急焚烧技术、焚烧设备、操作要点、环境管理等方面，采用问答的方式进行叙述和解答，便于读者理解和参考查阅。作者支援武汉市医疗废物应急处置的经历更增强了该书的可读性和实用性。

邱启文

2020 年 3 月 16 日于武汉

前　言

　　自2019年12月武汉市陆续出现新型冠状病毒肺炎（COVID-19）病例以来，疫情迅速扩散蔓延，我国各地以及多个国家和地区相继出现确诊和疑似病例。当前，因疫情持续扩大，疫情医疗废物产量显著增加，医疗废物处理能力和管理水平面临严峻挑战。科学有效的医疗废物处置与管理能够减少感染性垃圾对环境的影响，降低感染风险，有效防止疾病传播。因此，必须严格规范医疗废物处置工作，增强医疗废物处理全流程管控，减少疾病传播机会，降低交叉感染风险，切实保障患者、医护人员和社会公民的健康安全。疫情期间，除了要发挥医疗废物传统集中处置的优势，疫情应急医疗废物处置装置也发挥着不可忽视的作用。

　　新冠肺炎疫情期间，医疗废物的产量激增：专业救治医院平均一张病床日产医疗废物3.0～5.0kg，为平时的2～3倍；隔离方舱平均一张病床日产医疗废物2.5～3.0kg，为平时的1.7～2倍；发热门诊一张病床日产医疗废物2.0kg，为平时的1.3倍。其中，涉疫的防护用品和生活用品废物产量增幅明显，但部分生活用品，如保温桶、电水壶、棉被等不属于常规医疗废物，给医疗废物处置带来一定的挑战。生态环境部 2020 年 1 月 28 日印发的《新型冠状病毒感染的肺炎疫情医疗废物应急处置管理与技术指南（试行）》明确要求，及时、有序、高效、无害化处置肺炎疫情医疗废物。与其他技术相比，高温焚烧是该类高传染性医疗废物的有效处理方式，可同时实现无害化和减量化，适用于各种传染性医疗废物的安全、有效处理处置。

全书共六章。第一章介绍了新冠肺炎疫情医疗废物的特征，由张胜田、邓绍坡、吴国欢编写；第二章从焚烧技术处理医疗废物的可行性、必要性和焚烧技术的工艺流程等方面分析了新冠肺炎疫情期间医疗废物的应急焚烧技术，由王凤贺、徐际华、李祥敏、矫云阳编写；第三章对应急焚烧设备的结构和应用情况进行了系统描述，由陈纪赛、周浩、许素编写；第四章介绍了应急焚烧处置中垃圾转运、预处理、焚烧、烟气处理等各步骤的操作要点，便于现场操作人员学习，由王小峰、陈良义编写；第五章详细介绍了应急焚烧过程中可能发生的环境问题及解决措施，列出了焚烧处置涉及的法律法规，确保该技术的规范化应用，由蒋文博、郑洋、矫云阳编写；第六章对应急焚烧处置存在的问题及未来的改进方向做了展望，由徐海涛、张胜田编写。张胜田、李祥敏和许素进行了统稿和校对。

生态环境部固体废物与化学品司邱启文司长、危废处孙绍锋处长等对本书的编写提出了宝贵意见，在此表示诚挚的感谢。书中也引用了部分学者的研究成果及网络素材，在此一并感谢。

由于时间仓促和作者水平有限，书中难免存在疏漏或不足之处，敬请广大读者批评指正。如有问题，烦请与作者联系（zst@nies.org）。

编　者

2020 年 3 月 15 日

目　录

第三章　新冠肺炎疫情医疗废物应急焚烧设备 /027

第四章　新冠肺炎疫情医疗废物应急焚烧处置操作要点 /037

第五章　新冠肺炎疫情医疗废物应急焚烧处置环境管理 /049

第六章　疫情医疗废物应急焚烧处置技术展望 /059

第一章

—

新冠肺炎疫情医疗废物的特征

—

Characteristics
of COVID-19
Medical Waste

1. 什么是医疗废物？

答： 根据《医疗废物管理条例》，医疗废物是指医疗卫生机构在医疗、预防、保健以及其他相关活动中产生的具有直接或间接感染性、毒性以及其他危害性的废物。

医疗废物（HW01）包括六大类：感染性废物、损伤性废物、病理性废物、化学性废物、药物性废物，以及非特定行业的为防治动物传染病而需要收集和处置的废物。

表 1　医疗废物及其特性

行业来源	废物代码	危险废物类别	危险特性
卫生	831-001-01	感染性废物	感染性
卫生	831-002-01	损伤性废物	感染性
卫生	831-003-01	病理性废物	感染性
卫生	831-004-01	化学性废物	毒性
卫生	831-005-01	药物性废物	毒性
非特定行业	900-001-01	为防治动物传染病而需要收集和处置的废物	感染性

感染性废物指携带病原微生物具有引发感染性疾病传播危险的医疗废物。损伤性废物指能够刺伤或者割伤人体的废弃的医用锐器。病理性废物指诊疗过程中产生的人体废弃物和医学实验动物尸体等。化学性废物指具有毒性、腐蚀性、易燃易爆性的废弃的化学物品。药物性废物指过期、淘汰、变质或者被污染的废弃的药品。因此，新冠肺炎疫情防控过程中医护人员在护理和治疗病患中使用过的多种耗材等都属于医疗废物。

2. 新型冠状病毒感染的肺炎疫情期间医疗废物包括哪些？

答： 根据国家卫生健康委办公厅《关于做好新型冠状病毒感染的肺炎疫情期间医疗机构医疗废物管理工作的通知》（国卫办医函〔2020〕81号），新型冠状病毒感染的肺炎疫情期间医疗废物是指医疗机构在诊疗新型冠状病毒感染的肺炎患者及疑似患者发热门诊和病区（房）产生的废弃物，包括医疗废物和生活垃圾，均应当按照医疗废物进行分类收集。

3. 医疗废物如何分类？

答： 医疗废物在医疗单位运出前需做好分类。

医务人员按《医疗废物分类目录》（卫医发〔2003〕287号）对医疗废物进行分类。

根据医疗废物的类别将医疗废物分置于专用包装物或容器内，且包装物和容器应符合《医疗废物专用包装袋、容器和警示标志标准》（HJ 421—2008）。

医务人员在盛装医疗废物前应当对包装物或容器进行认真检查，确保无破损、渗液和其他缺陷。盛装的医疗废物达到包装物或容器的 3/4 时，应当使用有效的封口方式，使封口紧实严密。盛装医疗废物的每个包装物或容器外表面应当有警示标记，标签内容包括医疗废物产生单位、产生日期、类别。放入包装物或容器内的感染性废物、病理性废物、损伤性废物不得任意取出。医疗废物管理专职人员每天从医疗废物产生地点将分类包装的医疗废物送至院内临时垃圾桶。临时垃圾桶内医疗废物由环保局指定的专门人员处置，贮存时间不得超过两天，并做好运送记录。运送过程中应防止医疗废物的流失泄漏，并防止医疗废物直接接触身体。医疗废物管理专职人员每天对产生的医疗废物进行过称、登记，登记内容包括来源、种类、重量、交接时间、最终去向、经办人。

投料前操作人员分拣工作。根据医疗单位的分类结果，按照热值稳定、成分均衡的原则进行整袋分拣；分拣时不能打开包装袋，避免暴露风险。分拣时整袋剔除含有严禁对象的垃圾袋。

4. 病原标本如何处理？

答：《关于做好新型冠状病毒感染的肺炎疫情期间医疗机构医疗废物管理工作的通知》明确规定：医疗废物中含病原体的标本和相关保存液等高危险废物，应当在产生地点进行压力蒸汽灭菌或者化学消毒处理，然后按照感染性废物收集处理。

5. 医疗废物如何妥善处置？

答：为了防止医疗废物传染疾病，首先要做好源头分类。医疗机构要按照医疗废物类别及时分类收集，确保人员安全，控制感染风险。盛装医疗废物的包装袋和利器盒的外表面被感染性废物污染时，应当增加一层包装袋。

其次，消毒是防止医疗废物传染疾病的关键。要使用1 000 mg/L 的含氯消毒液对医疗废物包装袋、医疗废物暂存处、医疗废物运送车等进行消毒。

再次，要防止医疗废物泄漏。在运送医疗废物时，应当防止造成医疗废物专用包装袋和利器盒的破损，防止医疗废物直接接触身体，避免医疗废物泄漏和扩散。

最后，及时清运处置。医院等医疗机构应单独设置区域暂存医疗废物，及时通知医疗废物处置单位上门收运，由医疗废物处置单位进行无害化处置，并做好相应记录。

6. 医疗废物的处置流程是怎样的？

答： 医疗废物通常具有感染性等危害特性，为防止疾病传播，保护人体健康和生态环境，需要及时、有序、高效进行无害化处置。

首先，医疗废物要分类包装投放。医院等医疗机构根据不同医疗废物类别，按照《医疗废物专用包装袋、容器和警示标志标准》（HJ 421—2008）进行分类包装后，置于指定周转桶（箱）或一次性专用包装容器中，分类放置于医院的医疗废物暂存库。医疗机构还要尽量避免普通生活垃圾混合到医疗废物中，以免大量占用有限的医疗废物处置资源。

其次，医疗废物规范转运。医院等医疗机构应当委托专业机构使用专用医疗废物运输车辆将医疗废物转运至医疗废物处置单位。应急状态下，也可以将密闭性较好的车辆改装后应急转运医疗废物。医疗废物按规定应在 48 h 内转运至医疗废物处置单位。

另外，医疗废物一定要无害化处置。医疗废物处置单位要按照《医疗废物集中处置技术规范（试行）》（环发〔2003〕206 号）等标准规范有关要求，负责对医疗废物进行无害化处置。

医疗废物处置方式通常包括 4 种：高温焚烧法、高温蒸汽消毒法、化学消毒法和微波消毒法等。应急状态下，可以根据实际情况选择符合条件的危险废物焚烧炉、生活垃圾焚烧炉和其他工业窑炉协同处置医疗废物。

医疗废物处置过程中除了满足环保有关规定外，还应执行卫生防护和防疫等方面的规定。同时，医疗废物产生、贮存、转运和处置全过程要做好记录。

涉疫医疗废物具有更强感染性，需及时收运处置防止二次感染。

7. 新冠肺炎产生的医疗废物主要是哪些？

答：这次疫情产生的医疗废物最主要还是感染性废物，需要及时收运处置。感染性废物包括一次性使用医疗用品及一次性医疗器械；还包括被病人血液、体液、排泄物污染的废弃被服，以及隔离治疗病人产生的生活垃圾等，这也是疫情期间医疗废物产生量大幅增加的主要原因。

对于其他四类医疗废物，病理性废物包括病理切片后废弃的人体组织等；损伤性废物包括医用针头和手术刀等；药物性废物包括废弃的抗生素、非处方类药品等；化学性废物包括废弃的过氧乙酸、戊二醛等化学消毒剂。

8. 新冠肺炎疫情医疗废物的特征是什么?

答：可以从三个方面描述这次新冠肺炎疫情医疗废物的特征。

一是医疗废物的产生量随着疫情变化和医院性质（专业救治医院、隔离方舱和发热门诊等）有所不同。通常，非疫情期间，一般医院一张病床日产医疗废物 $1.0 \sim 2.0 \, kg$。疫情期间专业救治医院平均一张病床日产医疗废物 $3.0 \sim 5.0 \, kg$，隔离方舱平均一张病床日产医疗废物 $2.5 \sim 3.0 \, kg$，发热门诊平均一张病床日产医疗废物 $2.0 \, kg$。每张病床产生医疗废物的增长主要是由于救治和诊疗过程中涉疫防护用品和生活用品的增加。

二是新冠肺炎疫情期间医疗废物的组成也较平时有较大的变化，主要是涉疫的防护用品和生活用品。特别是生活用品，有些保温桶、电水壶甚至棉被等，给医疗废物处置带来一定的挑战。

三是新冠肺炎疫情医疗废物的热值有所变化。涉疫的防护用品热值高，但单位体积热值低，部分涉疫生活用品（如保温桶、陶瓷或不锈钢餐具等）热值很低，这些都给后续焚烧处置带来了挑战。

9. 新冠肺炎产生的医疗废物与其他医疗废物处置一样吗?

答：新冠肺炎产生的医疗废物与其他医疗废物的处置方法总体来说是一样的。

从技术角度来说，前面所讲的医疗废物处置技术完全可以安全处置新冠肺炎产生的医疗废物，与处置其他医疗废物是一样的。但相对于其他医疗废物，新冠肺炎产生的医疗废物具有更强的感染性，应更加注重防止二次感染，至关重要的就是要采取消毒措施，严格按照国家相关部门要求做好全过程的卫生防护和防疫措施。

从管理角度来说，根据生态环境部发布的《关于做好新型冠状病毒感染的肺炎疫情医疗废物环境管理工作的通知》等文件要求，医疗废物处置单位要优先处置新冠肺炎产生的医疗废物，力争实现日产日清；其他非疫情的医疗废物可以采用危险废物焚烧炉等设备进行应急处置。

10. 启用可移动式医疗废物处置设施的政策依据是什么？

答：国家卫生健康委员会《关于做好新型冠状病毒感染的肺炎疫情期间医疗机构医疗废物管理工作的通知》（国卫办医函〔2020〕81 号）、生态环境部紧急印发的《关于做好新型冠状病毒感染的肺炎疫情医疗废物环境管理工作的通知》《新型冠状病毒感染的肺炎疫情医疗废物应急处置管理与技术指南（试行）》，以及 2020 年 2 月 24 日国家卫生健康委员会、生态环境部、住房和城乡建设部等十部门印发的《医疗机构废弃物综合治理工作方案》等文件。

生态环境部于 2020 年 1 月 28 日印发的《新型冠状病毒感染的肺炎疫情医疗废物应急处置管理与技术指南（试行）》提出，各地因地制宜，在确保处置效果的前提下，（1）可以选择可移动式医疗废物处置设施、危险废物焚烧设施、生活垃圾焚烧设施、工业炉窑等设施应急处置肺炎疫情医疗废物，实行定点管理；（2）也可以按照应急处置跨区域协同机制，将肺炎疫情医疗废物转运至临近地区医疗废物集中处置设施进行处置；将肺炎疫情防治过程中产生的感染性医疗废物与其他医疗废物实行分类分流管理；（3）为医疗机构自行采用可移动式医疗废物处置设施应急处置肺炎疫情医疗废物提供便利，豁免环境影响评价等手续。

第二章

——

新冠肺炎疫情
医疗废物应急焚烧技术

——

Techniques
of Emergency Incineration
of COVID-19 Medical Waste

11. 疫情医疗废物处置技术主要有哪些?

答:《医疗废物管理条例》规定:"国家推行医疗废物集中无害化处置,鼓励有关医疗废物安全处置技术的研究与开发。县级以上地方人民政府负责组织建设医疗废物集中处置设施。"通常情况下,我国医疗废物处置采用集中式焚烧处置。

疫情期间,由于医疗废物数量的激增,水泥窑炉、生活垃圾焚烧、危险废物焚烧等相关系统经过改造后可以应用于新冠肺炎疫情医疗废物处置。另外,等离子焚烧技术也可作为医疗废物的处置方法,并确保处置效果。此外,除了集中式处理外,分散式处理也作为应急处置的重要手段。

目前,国内新冠肺炎疫情医疗废物携带传染性病毒,处置的主要目的是彻底消杀病毒。因此,新冠肺炎疫情医疗废物处置技术主要采用消杀和焚烧技术处理,消杀主要包括微波消杀、高温蒸汽消杀以及化学消杀,消杀后的废物再进行卫生填埋或二次焚烧处理;焚烧是指通过高温氧化方法将携带病毒的废物焚烧成灰烬,实现无害化和减量化处置,焚烧方式包括专用医疗废物焚烧炉高温焚烧、裂解焚烧等焚烧处置技术,焚烧后的减容率大于95%,灰渣可以安全填埋。

12. 利用生活垃圾焚烧设施应急处置医疗废物的可行性如何?

答:通过优化工艺流程,强化操作管理、提高卫生防疫要求和人员培训,使用生活垃圾焚烧设施(炉排型)应急处置医疗废物具有较好的可行性，在国内外均有实际应用的成功案例。各地可以因地制宜，在妥善采取卫生防疫措施和确保处置效果前提下，选择生活垃圾焚烧设施应急处置医疗废物。

（1）在技术可行性方面

根据《新型冠状病毒感染的肺炎诊疗方案（试行第五版）》（国卫办医函〔2020〕103号），新型冠状病毒对热敏感，56 ℃条件下30 min可有效灭活病毒。根据《生活垃圾焚烧污染控制标准》《医疗废物集中焚烧处置工程建设技术规范》和《医疗废物集中处置技术规范（试行）》，生活垃圾焚烧炉和医疗废物焚烧炉的主要技术要求相同，工况要求接近。生活垃圾焚烧炉炉膛内温度应≥850 ℃，生活垃圾在炉内的停留时间一般在1～1.5 h（炉排型），在该焚烧条件下，新型冠状病毒完全能被灭活。在控制掺烧比例且做好卫生防护工作的情况下，利用生活垃圾焚烧设施处置医疗废物是可行的。

（2）在国内应用方面

上海市、广东省汕尾市、珠海市、山东省东营市、福建省莆田市、湖北省仙桃市等地陆续利用生活垃圾焚烧设施开展了医疗废物应急处置工作。其中，上海市是国内较早利用生活垃圾焚烧设施应急处置医疗废物的城市。上海市发布的《生活垃圾焚烧大气污染物排放标准》（DB 31/768—2013），规定了应急情况下利用生活垃圾焚烧设施处置医疗废物（化学性废物除外）的入炉要求，医疗废物掺烧比不超过生活垃圾焚烧设施处理能力的5%。

（3）在国外应用方面

《巴塞尔公约生物医疗和卫生保健废物环境无害化管理技术准则》指出，感染性废物采用公认的方法消毒后，可按与生活垃圾处理相同的方法处置。挪威奥斯陆市克拉梅特斯鲁（Klemetsrud）生活垃圾焚烧厂利用机械炉排式焚烧炉处置感染性医疗废物，医疗废物掺烧比不超过生活垃圾的5%。日本2009年H1N1新型流感病毒疫情期间发布的《新型流感废物管理措施指南》指出，如果担心感染性废物数量超过处置能力，可与市政当局等讨论市政垃圾焚烧设施接收的可能性。美国医疗机构产生的医疗废物一般在医疗机构进行消毒处理后，运至危险废物焚烧设施或者生活垃圾焚烧设施进行焚烧处置。

13. 生活垃圾焚烧设施可以应急处置哪些医疗废物？

答： 生活垃圾焚烧炉可以处置"感染性废物""损伤性废物""药物性废物"等医疗废物。《医疗废物分类目录》中的"化学性废物"不宜在生活垃圾焚烧炉中处置。

新冠肺炎疫情应急处置期间，宜对医疗废物实行分流分类处置，即：（1）医疗废物集中处置设施优先保障用于处置疫情医疗废物以及其他不适宜应急处置设施处置的医疗废物，其他医疗废物可以分流至生活垃圾焚烧设施等应急处置设施进行处置；（2）当医疗废物集中处置设施处置能力确实无法满足实际需求，需要将疫情医疗废物送往生活垃圾焚烧设施等应急处置设施处置时，要加强消毒处理，降低感染性风险。

14. 如何防范生活垃圾焚烧设施应急处置医疗废物过程中的感染性风险?

答: 国内外实践经验表明，经过加强源头控制、适当技术优化、工艺流程调整、加强卫生防疫防护管理等措施后，生活垃圾焚烧设施用于应急处置医疗废物的风险是可控的。

通过"分流—消毒—强化包装—改进投加工艺—负压—卫生防护"六重屏障，可以有效防范生活垃圾焚烧设施应急处置医疗废物过程的感染性风险。

一重屏障：分流。医疗废物集中处置设施优先处置疫情医疗废物及其他感染性废物，尽量不将感染性医疗废物送往生活垃圾焚烧设施处置。

二重屏障：消毒。对送往生活垃圾焚烧设施应急处置的感染性医疗废物，在包装、转运、处置的相关环节加强消毒处理，降低感染性风险。

三重屏障：强化包装。通过强化包装（如双重塑料袋包装后再用一次性纸箱包装、胶带缠封）可以降低抓料过程的破损概率。

四重保障：改进投加工艺。通过设立单独卸料口（如可通过检修电梯直接翻斗进料）、改用弯钩和网兜配套抓料（不用抓斗）、视频监控指导精细化投料、缩短在垃圾料坑停留时间等操作降低医疗废物包装破损可能性。

五重屏障：负压。对垃圾料坑严格实行"微负压"环境，气体收集后直接进入垃圾焚烧炉处置，以保证即使包装破损感染性物质也不会释放到环境中。

六重屏障：卫生防护。加强操作工人的卫生防护措施和培训，有条件时可以选调有医疗废物处置经验的专业人员参与处置。

此外，各地选择承担医疗废物应急处置任务的生活垃圾焚烧设施时，应集中定点，避免遍地开花。

15. 哪个部门负责选择应急处置医疗废物的生活垃圾焚烧设施？

答： 应急处置医疗废物的生活垃圾焚烧设施，由县级以上地方人民政府组织卫生健康、生态环境、住房和城乡建设等单位共同研究选定。

16. 生活垃圾焚烧设施应急处置医疗废物的包装和转运过程的注意事项有哪些？

答： 应注意采取预先消毒和强化包装的措施。建议对需要送生活垃圾焚烧设施应急处置的疫情医疗废物，在收集点由医疗机构采取消毒措施，并按照《医疗废物集中处置技术规范（试行）》的有关规定强化包装并密封后，再装入周转箱（桶）转运至生活垃圾焚烧设施。疫情医疗废物采用医疗废物专用运输车转运，并执行医疗废物专用转移联单。涉疫情的生活垃圾消毒后应选用密闭性能良好的环卫车辆运输。

17. 生活垃圾焚烧设施应急处置医疗废物的投加入炉等过程的操作注意事项有哪些?

答: 按照《医疗废物化学消毒集中处理工程技术规范（试行）》（HJ/T 228—2006）、《医疗废物微波消毒集中处理工程技术规范（试行）》（HJ/T 229—2006）和《医疗废物高温蒸汽集中处理工程技术规范（试行）》（HJ/T 276—2006）要求进行破碎毁形和消毒处理并满足消毒效果检验指标的感染性废物可直接进入生活垃圾焚烧炉处置。

在应急状态下处置不满足直接入炉标准的感染性医疗废物时，应注意以下操作要点：划定医疗废物进厂后的运输路线和暂存区域。无独立上料装置的，尽量固定医疗废物卸料口。医疗废物卸入料坑前，可在垃圾料坑内提前铺设已发酵充分的垃圾作垫层。卸料后进入垃圾料坑的医疗废物应随卸随清，与其包装一同直接入炉，并建议通过视频监控等手段精细化操作抓斗、改用弯钩和网兜配套抓料，尽可能避免破损。医疗废物的投加速率原则上控制在生活垃圾的 5% 以内，根据实际情况可适当调整。有条件的地区，可以安排医疗废物集中处置单位的专业人员负责或者在其指导下开展收集、包装、运输、卸料、投料工作；可以对生活垃圾焚烧设施增加独立上料装置。

18. 应急处置医疗废物的生活垃圾焚烧设施炉型如何选择?

答: 炉排式生活垃圾焚烧炉可以用于应急处置新冠肺炎疫情医疗废物；不宜采用流化床式焚烧炉。

19. 焚烧工艺处置新冠肺炎疫情医疗废物的优势是什么?

答: 新冠肺炎是一种新型烈性传染病。国家卫生健康委员会发布的 2020 年 1 号公告，将新型冠状病毒感染的肺炎纳入《中华人民共和国传染病防治法》规定的乙类传染病，并采取甲类传染病的预防、控制措施。不仅传统意义上的医疗废弃物具有较强的传染性，而且患者和医护人员在医院使用的一次性碗筷、杯子、牙刷等生活用品，剩饭菜等产生的生活垃圾，都属于高风险医疗废物。

生态环境部 2020 年 1 月 28 日发布的《新型冠状病毒感染的肺炎疫情医疗废物应急处置管理与技术指南（试行）》明确要求，及时、有序、高效、无害化处置肺炎疫情医疗废物。与其他技术相比，高温焚烧是该类高传染性医疗废物的有效处理方式，同时实现了无害化和减量化，适用于各种传染性医疗废物，可以实现安全、有效处理处置。

此次新冠肺炎疫情的医废处置，各地的医疗废物处理方式基本也是采取高温焚烧，既能保证安全，又能高效进行。

新冠肺炎疫情医疗废物能否在法规的框架下得到妥善处置，是抗击疫情的重要环节。一方面，应急焚烧技术具有安全、快速、机动性强、焚烧后减量化和无害化等优点，另一方面，应急焚烧处理技术设备投入高，运行成本高，处理规模小，对操作人员和运行维护人员的素质要求较高，运行时存在一定的噪声污染。部分地区采用简易焚烧炉应急处置，还存在排放废气二次污染，对周边环境造成一定的污染。

20. 新冠肺炎疫情医疗废物应急焚烧技术的关键工艺参数有哪些？

答：应急焚烧处置主要包括受料及供料、焚烧、烟气处理、灰渣处理等工艺。

（1）受料及供料：医疗废物的计量、卸料、输送等。目前鉴于医疗废物的特殊性和复杂性，多数应急焚烧处置采用人工操作，未配置自动供料系统。

（2）焚烧：医疗废物进料、焚烧、燃烧空气、辅助燃烧等，焚烧过程中运行参数是通过控制系统自动调节的。

（3）烟气净化：有害气体去除、除尘及排放等。部分应急焚烧对烟气净化效率有待提高。

（4）灰渣处理：炉渣处理和飞灰处理，主要是人工间歇式清灰。

根据《医疗废物集中处置技术规范（试行）》要求，对于医疗废物集中处置，执行该规范确定的"焚烧炉温度"和"停留时间"

指标：保证二燃室烟气温度 ≥ 850 ℃时的停留时间 ≥ 2.0 s，烟气中氧气体积分数为6% ～ 10%（干烟气）。对于医疗废物分散处理，建议执行《危险废物焚烧污染控制标准》（GB 18484—2001）规定的"焚烧炉温度 ≥ 1 100 ℃"和"烟气停留时间 ≥ 2.0 s"。

21. 为什么说应急焚烧处置是医疗废物集中式处置的有效补充？

答： 目前正常情况下医疗废物焚烧处置技术流程是医疗机构先对医疗废物进行分类收集，由处置单位安排专人专车负责转运，在专用场所进行贮存，按照《医疗废物高温蒸汽集中处理工程技术规范（试行）》《医疗废物化学消毒集中处理工程技术规范（试行）》《医疗废物微波消毒集中处理工程技术规范（试行）》等要求进行消毒处理，最后进入医疗废物定点焚烧处置单位进行焚烧处置，或进入垃圾填埋场进行卫生填埋处置，整个过程由县级以上人民政府卫生部门及环境保护部门实施统一监督管理。

新冠疫情暴发后，以感染性废物为主的医疗废物出现井喷式增长，多地医疗废物增速达到50%以上，武汉市医疗废物处置能力从疫情前的50 t/d提高到261.7 t/d，增加4.2倍。医疗废物集中处置单位短时间内很难提升产能，工业危险废物焚烧处置单位需要对工艺进行改造，改造方案经环评通过后方可实施，短时间内也难以形成产能。而医疗废物应急焚烧处置技术设备可以在第一时间快速形成有效产能，缓解医疗废物处置压力。应急焚烧处置是医疗废物集中式处置的有效补充，是一种短时间内的有效应急处置手段。

22. 新冠肺炎疫情医疗废物对焚烧技术提出了哪些新要求?

答: (1)自动计量系统:具有称重、记录、传输、打印与数据处理等功能。

(2)自动上料系统:目前多数为人工上料,风险较大。

(3)自动洗消系统:目前为人工洗消,需对洗消技术进行优化。

(4)可视化远程操作系统:由于一线操作人员佩戴护目镜,影响人工操作,迫切需要实现操作的可视化、远程化控制。

(5)模块化:应急技术装备的模块化,便于现场快速维修更换。

23. 应急焚烧技术原理及适用范围是什么?

答: 应急焚烧技术原理是一个深度氧化的化学过程,在火焰和高温环境的作用下,应急焚烧设备内的医疗废物经过干化、引燃、焚烧三个阶段快速将废物转化成炉渣和烟气,在焚烧过程中,医疗废物中具有传染性的病毒和其他有害物质可以被完全清除。

焚烧处置技术适用于各种传染性医疗废物,焚烧时要求焚烧炉内有较高而稳定的炉温、良好的氧气混合工况和足够的气体停留时间等条件,同时需要对最终排放的烟气和残渣进行无害化处置。

不宜采取焚烧处置的医疗废物包括放射性废弃物、高压容器、废弃的细胞毒性药品、剧毒物品、易燃易爆物品、重金属(如铅、镉、汞等)含量高的医疗废物等。

24. 移动式医疗废物处置车为什么选择煤油作为辅助燃料？

答： 煤油由天然石油或人造石油经分馏或裂化而得，具有以下特点：一是煤油具有流动性好，在低温条件下不易凝结、燃点较高、挥发性小、热值高等优点。二是煤油密度较高，燃烧性能较好，可以非常稳定地燃烧。三是煤油的燃烧物较清洁，不会对空气产生较多的污染。对于集成度和自动化程度高的移动式医疗废物处置车，使用煤油作为辅助燃料一方面是出于安全考虑，另一方面也是出于环保达标排放的考虑。鉴于常规医院或临时设置的方舱医院多在市区，燃料供应较为完备，可以通过油罐车、油桶等保障供应。

25. 应急焚烧减量比、减容比是多少？

答： 根据相关法规的要求，焚烧炉要具备一定的焚烧温度和烟气停留时间，目的是完全清除污染物以及降低有害尾气的排放。正常情况下，一段火的焚烧温度为 $600 \sim 800\ ℃$，二段火燃烧温度为 $900 \sim 1\,100\ ℃$，且烟气停留时间要大于 $2\ s$。

一般医疗垃圾焚烧方舱和高危医疗垃圾焚烧设备（移动式医疗废物焚烧车）的燃烧效率应 $\geqslant 99.9\%$，焚烧残渣热灼减率 $< 5\%$。

应急医疗垃圾具有很强的可燃性，在实际运行过程中，由于医疗废物中混杂大量的不可燃生活垃圾，因此焚烧设备灰渣的不可燃成分应不大于 10%（重量）。

根据进料焚烧的医疗废弃物的组成适当调整焚烧时间，完全焚烧每桶（240 L/桶）医疗废物耗时 10 ～ 15 min。烟气在炉膛的停留时间≥ 2 s。

对于连续进料的焚烧炉，由于焚烧炉采用负压控制方式，在焚烧炉运行过程中，灰烬处于通风冷却过程，因此可以实时人工清灰；对于续批式加料方式，需要自然冷却，待炉温降低到安全温度后，进行炉渣检查或清灰。

26. 二次焚烧有什么作用?

答: 焚烧炉的焚烧功能通过主燃室和二燃室实现，主燃室主要是将废物通过高温焚烧成灰烬，二燃室主要是将主燃室焚烧产生的尾气进行焚烧，目的是提高燃烧率和清除焚烧尾气中的有害物质。

27. 医疗废物焚烧过程中二噁英的控制措施是什么?

答: 医疗垃圾焚烧过程会产生二噁英，通常通过以下方法控制二噁英的产生。

一是，3T+E 控制法，就是控制废物的焚烧温度（temperature）、停留时间（time）、混合强度（turbulence）以及过剩空气（excess air number）。通过控制焚烧温度、增加停留时间等燃烧控制手段，烟气在大于 850℃的温度下停留时间超过 2s，避开二噁英生成的温度容易生成的区域（400 ～ 600℃），同时对流动的烟气采取扰动措施，使烟气均匀受热，从而使烟气中的二噁英大量分解。

二是，采用急冷技术，保证烟气从 850 ℃至 200 ℃的降温过程在 1s 内完成，防止二噁英在该温度区域的再生。

三是，在尾气处理单元中通过活性炭吸附及布袋除尘器来控制微量的二噁英，利用系统负压向管道内喷入一定量改性活性炭粉，使活性炭粉在烟气中均匀混合以吸附废气中的二噁英类物质。

28. 焚烧产生的飞灰如何处置？

答： 医疗废物应急焚烧后的灰渣和产生的飞灰经过高温灭菌处理，已经没有传染性。医疗废物应急焚烧过程产生的飞灰和灰渣经密闭收集贮存，并按照《危险废物填埋污染控制标准》（GB 18598—2019）固化填埋处置。

第三章

—

新冠肺炎疫情
医疗废物应急焚烧设备

—

Equipment
for Emergency Incineration
of COVID-19 Medical Waste

29. 应急焚烧设备主要有哪些?

答: 医疗废物焚烧技术在国内外的应用和发展已有几十年的历史,比较成熟的炉型有机械炉排焚烧炉、流化床焚烧炉、回转式焚烧炉、热解型焚烧炉和脉冲抛式炉排焚烧炉。应急状态下,焚烧处理设备应该具备机动性强、效率高、适应性强等特点,通常可选用机械炉排焚烧炉或回转式焚烧炉等。

机械炉排焚烧炉的原理是:垃圾通过进料斗进入倾斜向下的炉排(炉排分为干燥区、燃烧区、燃尽区),由于炉排之间的交错运动,将垃圾向下方推动,使垃圾依次通过炉排上的各个区域(垃圾由一个区进入另一区时,起到一个大翻身的作用),直至燃尽排出炉膛。燃烧空气从炉排下部进入并与垃圾混合,高温烟气经烟气处理装置处理后排出。该炉型对炉排的材质要求和加工精度要求高,要求炉排与炉排之间的接触面相当光滑、排与排之间的间隙相当小。另外,机械结构复杂,损坏率高,维护量大。炉排炉造价及维护费用高。

回转式焚烧炉的原理是:用冷却水管或耐火材料沿炉体排列,炉体水平放置并略微倾斜。通过炉身的不停运转,使炉体内垃圾充分燃烧,同时向炉体倾斜的方向移动,直至燃尽并排出炉体。该炉型设备利用率高,灰渣中含碳量低,过剩空气量低,有害气体排放量低。但燃烧不易控制,垃圾热值低时燃烧困难。

30. 应急焚烧设备的结构特点是什么？

答： 应急焚烧设备应具备结构模块化、功能集成化、操作简单化和运行自动化等特点。要易于不同现场的快速化安装，在疫情期间尽快投入运营，并要具备良好的机动性，这样便于不同场地之间工作协调和兼顾。应急设备应该尽量减少人工操作，系统通过集散控制系统（Distributed Control System，DCS）和在线数据采集和反馈实现自动化操作，所有操作参数均可在操作系统中可视化，通过自动调整不同操作参数的逻辑关系，实现无人操作，仅仅在投料和出现设备故障时，需要人工干预。应急焚烧设备还要满足国家相关标准，安全性较高，适用性广，适合所有医疗废物，减容可达 90% 以上，焚烧后残渣为一般性固体废物，而且具有效率高、机动性强等特点。

31. 新冠肺炎疫情医疗废物应急焚烧设备的系统构成是什么？

答： 新冠肺炎疫情医疗废物属于危险废弃物，焚烧系统应该满足《医疗废物焚烧炉技术要求（试行）》（GB 19218—2003）和《危险废物焚烧污染控制标准》（GB 18484—2001）等国家标准要求，焚烧系统应该包括进料装置、炉体、烟气净化装置、控制系统、报警系统及应急处理系统等。

（1）进料装置

在这种小型焚烧设备中，常采用手动进料方式。进料系统由装料装置、垃圾输送装置和热解气化炉盖组成。热解气化炉盖打开到开启位置后，通过垃圾输送装置将料斗中的垃圾完全投入热解气化炉，待炉体内投满后，关闭热解气化炉盖。

（2）一级燃烧设备

该设备又称主燃烧室，从外形结构上可分为卧式和立式两种；从燃烧方式上可分为层燃烧方式、流化悬浮燃烧方式和沸腾悬浮焚烧方式；从炉型结构上可分为固定床焚烧炉、活动床焚烧炉、热解焚烧炉、流化床焚烧炉和旋转窑焚烧炉等。

（3）二级燃烧室

二级燃烧是对一级燃烧产生的烟气做进一步的高温焚烧处理，使其中的有毒有害物质得到高温分解，特别是对二噁英类物质必须经过二级燃烧，停留 2 s 后才能得到彻底分解。

（4）冷却装置

烟气冷却是将 1 000 ℃以上的烟气冷却到 300 ℃以下，一方面使烟气温度适合于烟气净化设备的工作温度；另一方面防止二噁英类物质再生。

（5）烟气净化系统

使烟气中的酸性物质、烟尘颗粒、重金属、二噁英类物质得到净化处理后达标排放。采用向烟气中喷撒如石灰粉、活性炭粉吸附酸性气体；用袋式过滤器过滤烟尘、粉尘、重金属；用 SNCR、SCR 法处理烟气中的氮氧化物；对二噁英类物质的净化，目前一般采用活性炭吸附的处理方法。

应急装备的特点是模块化、集成化，系统设备安装在公共底座上，仅仅需要吊车实现整体吊装，现场完成动力电源接入和冷却水源接入以及排烟烟囱的固定，设备运行实现一键启动，所有运行参数均可在操作控制系统中可视化，系统根据各参数的关联性实现自动在线调节。

32. 烟气净化设备有哪些结构和特点？

答：烟气净化是应急焚烧系统的重要组成部分，包括脱酸、脱二噁英和除尘系统等。鉴于整个系统的工作特性，要求烟气净化设备体积小、效率高，且具有复合功能，应该能够集成到一个单元中。

33. 应急焚烧设备的处理能力如何？

答：根据当前方舱医院的规模，应急焚烧设备的处理量可以设置为 3～5 t/d 和 6～8 t/d。应急焚烧设备采用模块化设计，占地面积约 50 m^2；医疗废物属于高热值废物，处理 1 t 医疗废物需要的辅助燃料大约为 50 L 柴油；电耗大约 12 kW；急冷用水 400 L/h。

34. 如何确保焚烧设备的安全性？

答：从安全角度考虑，焚烧设备应该采用负压焚烧方式，防止火焰外溢，正常工作期间，确保焚烧炉的炉膛负压保持在 10 mm H$_2$O（98 pa）。系统管路包括油管、烟气管路以及水管，每段管路连接处采用垫片密封，烟气管路采用耐高温金属缠绕垫片密封，确保不漏气。应急焚烧系统采用负压焚烧模式，炉体与耐火炉墙采用 50 mm 绝热层，保证焚烧炉外壁温度不超过环境温度 15℃；通过喷淋急冷将烟气温度降到 180℃，确保布袋安全。

35. 烟道如何保温？

答： 烟道保温具体做法和措施视不同地区和不同使用场合的能源供应条件而定。除了采取必要的保温措施（岩棉保温等）外，寒冷地区或低温季节必要时还需考虑相应的伴热措施（电伴热、蒸汽伴热等）。保温是保障设备正常高效运行的重要因素，同时，还应考虑科学隔热措施，这也是实现节能、保障安全生产的需要。具体可参照《工业设备及管道绝热工程设计规范》（GB 50264—2013）等选取设计。

36. 应急设备车载化需要解决的难题有哪些？

答： 实现应急设备车载化需要解决两方面的矛盾。其一是车辆空间有限与系统体积庞大之间的矛盾。医疗废物的处理规模直接关系到炉体的大小及容积，反过来，炉体的大小又会影响炉内容积，进而影响处理量。首先按照处理能力要求确定处理量；然后根据系统维持自身循环所需的能量确定炉内容积，并核准其是否可自持燃烧；最后根据炉体大小计算其产气量、烟气排放量等，据此计算出烟气处理过程中所需的碱液量、活性炭等，进而确定急冷水箱、净化水箱等的大小。

其二是车辆载重量与装置重量之间的矛盾。对于固定式热解处理系统来说，所有设备均固定于地面，只需要根据重量确定地桩及螺栓等，不存在超重问题。然而，车辆载重是有限的，因此需要尽量选用轻、薄的耐火材料填充炉膛，既要保证炉内高温不外泄，又要有效降低炉体重量，并减小炉体体积。

为了更好地满足车辆载重及空间要求，可以适当减少固定式集中处理站烟气净化系统的步骤或将某些步骤进行组合。如可以将布袋除尘装置取消，改为喷淋水箱的形式进行烟气除尘，喷淋水箱又兼具去除酸性气体的功能，还可以采取将活性炭吸附装置设置在烟气气道内等技术措施。

37. 应急焚烧设备目前的应用情况如何？

答： 应急设备是在紧急情况下投入使用的，从武汉的应用情况看，设备的运行状况良好，如果在每个方舱医院配置一套应急焚烧设备，可以大大减少医疗垃圾的转运量，同时也能有效降低垃圾病原体带来的传染风险。

38. 突发公共卫生事件结束后应急焚烧设备是否可用于其他场合？

答： 应急设备符合国家相关的法律、法规要求，具有普遍适用性，而且具有结构紧凑、机动性强等优势，特别适用于偏远山区、海岛、边防哨所等交通欠发达地区的医疗及生活垃圾焚烧，同样也适用于部队野营训练、拉练的垃圾处理。

39. 如何防控新冠肺炎疫情医疗废物应急焚烧产生的二次污染？

答： 二次污染主要包括各类烟气污染物、焚烧灰渣、噪声等。

（1）各种烟气污染物：通过尾气处理系统处理达标后排放至大气中。

（2）焚烧残渣、飞灰、活性炭等固体废物：焚烧残渣按照《危险废物鉴别标准　腐蚀性鉴别》（GB 5085.1—2007）、《危险废物鉴别标准　急性毒性初筛》（GB 5085.2—2007）和《危险废物鉴别标准　浸出毒性鉴别》（GB 5085.3—2007）鉴别后，不属于危险废物的，可按一般废物送生活垃圾填埋场填埋处置；属于危险废物的，送生态环境部门指定的填埋场进行安全处置。

（3）噪声：风机、泵、电动机、空压机等设备尽量选用低噪声型，并通过安装消声器、减振器等措施降低噪声。

40. 移动式医疗废物处置车的组成及适用的主要场景有哪些？

答： 移动式医疗废物处置车主要由车身和焚烧装置两大部分组成，专用焚烧装置固定在车身上，由焚烧炉、发电机、配电柜等专用设备组成，车身两侧均开设有门便于实际操作。焚烧炉主要用来焚烧垃圾，是该车的主要装置。发电机为焚烧炉系统供电。焚烧设备主要由发电机、主燃炉、二燃炉、主燃烧器、再燃烧器、投入口、出灰口等部分组成。

移动式医疗废物处置车的车架为框架式结构。纵梁为优质成型工字钢或焊接工字钢，采用阶梯形结构以降低重心；横梁采用槽型结构，穿过纵梁并焊接成整体。整个车架在特制的定位台架上组装、焊接而成，其强度高、承载性能好。车厢为全金属结构，厢体均依靠专用台架拼装并采用 CO_2 保护焊接。

移动式医疗废物处置车适用于高致病和高传染性垃圾应急处理，目前主要用于新冠肺炎疫情期间产生的废弃检测材料、病菌培养基等高致病和高传染性垃圾的应急处理。

第四章
—

新冠肺炎疫情
医疗废物应急焚烧处置
操作要点

—

Key Notes on Operation
of Emergency Incineration
of COVID-19 Medical Waste

41. 为什么医疗废物需要合理配伍？

答： 新冠肺炎疫情期间产生的医疗废物具有特殊性：成分非常复杂，既包含感染性、病理性、损伤性、药物性及化学性医疗废物，也包含治疗过程中可能含有病毒的病人生活垃圾（如被褥、衣物、残羹剩饭等），还有消杀过程中带入的消毒水。

如果医疗废物不进行配伍，直接入炉焚烧，会遇到以下问题：① 医疗废物热值不恒定，炉内温度波动，导致能源消耗量大；② 污染物浓度波动，尾气处理系统频繁调整，稳定性差；③ 工况不稳定，导致处理量下降。

医疗废物合理配伍有以下好处：① 保证入炉废物热值相对稳定，可减少辅助燃料的消耗，降低运行成本；② 控制酸性污染物、重金属及碱金属入炉量，可减轻对烟气净化设备的腐蚀；③ 控制有机废物瞬时入炉量，从源头减少医疗废物焚烧生成的氯；④ 充分利用既有进料通道，避免废物入炉量脉冲式波动，稳定焚烧工况。

42. 医疗废物在投料过程中如何确保安全？

答： 为了保证入炉过程安全，需要进行全流程清洗消毒：

（1）投料点需设置成隔离的投料区域，与周边设备隔离，并设置防止液体渗出的围堰。

（2）转运工具、周转箱（桶）等每使用周转一次，都应在处置点清洗消毒设施内进行清洗消毒。

（3）医疗废物贮存设施应每天消毒一次，贮存设施内的医疗废物每次清运之后，应及时清洗和消毒。

（4）已进行清洗消毒处理的工具、设备、周转箱（桶）等应与未经处理的工具、设备、周转箱（桶）等分开存放。

（5）清洗消毒处理后的工具、设备、周转箱（桶）等晾干后方可再次投入使用。

43. 焚烧前需要对医疗废物进行灭菌处理吗？

答： 焚烧前需要对医疗废物进行灭菌处理。有研究发现新型冠状病毒在光滑的物体表面能存活数小时，温度、湿度合适的环境能存活 1 d，甚至发现可达到 5 d，且传染性极高。焚烧前投递过程中的提拉垃圾袋操作可能导致袋内气体外溢，操作人员暴露在高浓度可能含病毒的气体内，增加被感染风险。因此在投料前对待处理医疗废物进行再次彻底消杀灭菌，可大幅度降低此风险。消杀工作可在医疗废物抵达处置点时进行。

44. 如何应对医疗废物成分变化所带来的影响？

答： 医疗废物成分变化可能导致热值和污染物浓度波动。为应对此问题，可采取以下 3 个措施：

（1）对进场医疗废物进行初步分类，做到热值相对均衡、成分相对稳定、污染物相对均匀。

（2）焚烧炉应具有较大负荷调节范围，可焚烧医疗废物热值范围广。

（3）尾气处理装置设计应充分考虑医疗废物成分变化（如因消毒导致含氯量增加等）可能导致酸性气体及二噁英等有害气体

增加的风险，脱酸、活性炭喷射等系统留有足够的裕量，可根据投料浓度的变化，调整尾气处理单元的设备负荷，保证尾气排放合格。

45. 如何解决焚烧的医疗废物热值波动大造成的燃烧不稳定问题?

答: 为解决焚烧的医疗废物热值波动大造成的燃烧不稳定问题，可采取以下措施:

（1）在预处理阶段对进场医疗废物进行初步分类，热值高和热值低的医疗废物混合配伍，保持热值相对均衡。

（2）在主燃室设置主燃烧器，可根据炉内燃烧温度变化，自动调整燃烧器负荷，维持炉内温度均衡。

（3）可在焚烧炉中设置分段配风和炉排速度调节等控制方式。当医疗废物热值较小时，增大头部助燃风量，使医疗废物可以更快引燃；延长停留时间，保证医疗废物完全燃尽。当医疗废物热值较高时，减少头部助燃风量，使燃烧位置向后推移；同时缩短停留时间，维持炉内热负荷稳定。

（4）可在炉前设置二次风口，当医疗废物热值低时，可通过二次风的扰流作用强化焚烧过程。

46. 医疗废物应急焚烧处置需要哪些外部资源和能源？如何保障？

答： 医疗废物应急焚烧处置所需外部资源应简单易得。

（1）场地：应设置混凝土地坪，场地需做好防渗、防雨水措施，占地面积小，可利用规划场地。

（2）供电：需供电单位提供 380V、50Hz 的稳定电源。

（3）供水：需供水单位提供自来水或其他干净水源。

（4）燃料：柴油，消耗量为 40kg/h，可由普通加油站提供。

47. 怎样配置焚烧处置人员？

答： 需要配置 3 ～ 5 名焚烧处置人员，其中投料工 2 人，中控操作工 1 人，机修工 1 人（可兼任），电工 1 人（可兼任）。

投料工按照焚烧量均匀投加物料；中控操作工负责整套系统的工况稳定，统筹协调机修工和电工，维持设备可靠运行；机修工主要负责机械设备的维护保养和故障排除；电工主要负责电气设备的维护保养和故障排除。

48. 应采取怎样的卫生防护措施确保现场操作人员安全？

答： 应采取以下卫生防护措施：

（1）加强操作人员的安全防护意识和消毒意识，定期进行健康检查。

（2）操作人员必须佩戴必要的劳保用品，做好安全防范工作。

（3）应为工作人员提供防护设备和衣服，员工上班必须穿工作服，下班后及时更换，工作服应勤洗勤换并定期消毒。

（4）工作人员所需防护设备和衣服的购置、发放、回收和报废均应进行登记，报废的防护设备应交由专人处理，不得自行处置。

（5）在指定的、有标志的明显位置应配备必要的防护救生用品及药品，防护救生用品和药品要有专人管理，并及时检查和更换。

（6）应建立有效的职业健康程序，包括预防免疫、暴露后的预防处理和医疗监护。

（7）应做好空气和污水的定期监测工作。

（8）应做好防虫、防鼠工作，防止蚊蝇滋生。

（9）应提供方便工作人员使用的洗涤设施（热水和肥皂）。

49. 操作过程中的规范要求有哪些?

答：操作人员需重点关注以下规范要求：

（1）投料过程规范操作，整袋投加，避免医疗废物外溢产生二次污染。

（2）及时清理破损散落的医疗废物，并立即进行消毒。

（3）投料区域设置单独围堰，防止雨水冲刷带来二次污染。

（4）保持炉膛温度正常，废物投加后可以快速燃尽。

（5）维持炉膛压力正常，避免炉膛正压带来烟气外溢。

（6）使用专用工具投料，避免炉前投料工具与其他非污染区工具混用。

（7）保持暂存区垃圾桶盖关闭，避免医疗废物暴露在空气中。

（8）避免雨水淋入医疗废物垃圾桶内。

（9）从投料区去其他设备区域，必须消毒后才可操作或维修保养其他设备。

50. 如何实现医疗废物焚烧过程的智能化控制？

答： 医疗废物焚烧过程的智能化控制应主要依靠自动控制程序实现：

（1）设置炉膛温度控制程序，如物料量及热值波动，程序自动调大或关小燃烧机，维持主燃室（二燃室）温度稳定。

（2）设置压力控制程序，如烟气量不稳导致炉膛压力波动，程序可自动调整引风机的引风量，维持炉前为负压状态。

（3）设置急冷烟气控制程序，根据急冷出口温度控制急冷水泵负荷，维持急冷温度。

（4）设置尾气处置控制程序，根据烟气量及污染浓度自动控制尾气处置设备（活性炭喷射及脱酸系统）负荷。

（5）设置应急响应程序，针对断电、断水、超温、超压等情况，均有对应程序进行报警和联锁操作，保证人员及设备安全。

51. 焚烧设备出现什么情况应紧急停车？

答： 正常时自动运行，当由外部原因造成设备状态或参数达到并超过联锁值而无法控制时，应紧急停车，例如：① 设备超温超压；② 临时停电或紧急停电；③ 关键设备失火；④ 突发设备原因造成人员伤害等。

正常情况下焚烧炉不能随时停车，首先需保证最后入炉的医疗废物已经彻底燃尽（约 1 h），然后按照正常停车程序停车。关停燃烧器后，需保持炉膛鼓风和引风系统正常工作，使炉膛强制冷却，待炉膛彻底冷却后才可关停风机，停止其他设备。

52. 医疗废物和处理能力不匹配的时候怎么办？

答：医疗废物和处理能力不匹配时，如医疗废物量过多，建议处置场地对物料进行评判，适宜焚烧且其他装置不易处理的医疗废物，优先进装置焚烧；其他医疗废物可暂存或协调其他装置同步处置。处置时适当提高焚烧炉负荷，延长作业时间。

当医疗废物量少时，建议合理规划焚烧时间，每天存贮适量的医疗废物后，再开炉一次性焚烧。但医疗废物暂存时间不得超过相关规定。

53. 如何提高能量利用效率？

答：为提高能量利用率，可采取以下措施：

（1）医疗废物的热值一般较高，合理配伍时，废物正常燃烧温度可达到焚烧温度，不需或仅需很少的助燃剂即可保证温度稳定。因此需要首先保证投料的热值成分相对均衡，炉况及尾气处理负荷相对稳定，方可达到节能状态。

（2）合理配风，可降低助燃空气量，提高焚烧温度，减少能源消耗。需根据医疗废物不同状态，调整分区布风量，做到前段引燃、中段焚烧、后段燃尽，布风呈现两端少、中间多的状态。

（3）可根据医疗废物热值不同，匹配不同的投加速度，做到节能运行。

（4）做好设备的维护保养，使之达到良好的运行状态，消除和减少设备故障，做到节能运行。

54. 一旦发生泄漏、原料供应不足、极端天气等意外情况，如何处理？

答： 一旦发生意外泄漏，操作者应立即停止正常工作，必要时可以紧急停车，向区域负责人汇报。工作人员在采取有效防护后，对泄漏位置进行故障排除、封堵和清除工作。清除结束后进行彻底消杀，确认场地、人员、设备安全后，方可恢复生产。

燃油等原料一般要求至少维持 20%，低于此数值时需及时补充燃料。如未能及时补充，燃料量已经下降到只能维持 2 h 正常运行时，应立即停止进料，按照停车程序停车。待补充燃料后，再次开机运行。

55. 如何保证医疗废物完全燃烧？

答： 为保证医疗废物完全燃烧，主要控制以下因素：焚烧温度、滞留时间、扰动和空气过量系数。

（1）焚烧温度：一般来说提高焚烧温度有利于废物中有害物质的破坏并可抑制黑烟的产生，但温度过高不仅加大燃料耗量，还增加了烟气中氮氧化物的含量。因此，在保证销毁率的前提下采用适当的温度较为合理。

（2）滞留时间：指废物中有害成分在焚烧条件下发生氧化分解、完成无害化所需的时间，停留时间的长短直接影响焚烧的销毁率，也决定炉膛的具体尺寸。

（3）扰动：为使废物及燃烧产物全部分解，必须加强扰动，让空气与废物、空气与烟气充分接触混合，扩大接触面积，使有害物质在高温下短时间内氧化分解。

（4）过剩空气系数：过量空气量过大，可提高燃烧速度和烧净率，但会增大辅助燃料量、鼓风量、引风量以及尾气处理规模，是不经济的；反之，过量空气量太小，则燃烧不完全，甚至产生黑烟，导致有害物质分解不彻底。

56. 如何保证焚烧设备的可靠性？

答：为保证设备的可靠性，关键设备应选用进口或国内著名品牌的成熟产品系列，一方面保证设备经过大量工程应用，成熟可靠；另一方面保证售后服务良好，国内配件采购便捷。

系统设计时，考虑到关键设备如急冷水泵、柴油泵等，一旦发生故障，可能导致整个系统停止运行，甚至发生设备损毁事故。因此，优先采用热备的方式设置备用设备。对于关键零件如急冷喷嘴等，根据物料不同，设置多组不同规格型号的备件，便于及时更换。

在产品易损件方面，针对应急响应不易临时获得备件的特点，应适当扩大易损件范围。对关键外购件，按运行风险评估结果，备足配件。一旦发生故障，及时更换维修。

第五章

—

新冠肺炎疫情医疗废物应急焚烧处置环境管理

—

Environmental Management
of Emergency Incineration
of COVID-19 Medical Waste

57. 定点医院对医疗废物的分类、包装和管理有哪些具体措施？

答： 做好分类收集。医疗机构在诊疗新冠肺炎患者及疑似患者发热门诊和病区（房）产生的高度感染性医疗废物应专场存放、专人管理，不与一般医疗废物和生活垃圾混放、混装；其他医疗废物按照常规的医疗废物管理；不属于医疗废物的废弃物按照其属性分类管理。

规范包装容器。严格按照《医疗废物专用包装袋、容器和警示标志标准》（HJ 421—2008）包装，再置于指定周转桶（箱）或一次性专用包装容器中。包装表面应印刷或粘贴红色"感染性废物"标识。损伤性医疗废物必须装入利器盒，密闭后外套黄色垃圾袋，避免造成包装物破损。在盛装医疗废物前，应当进行认真检查，确保其无破损、无渗漏。

妥善规范管理。按照医疗废物类别及时分类收集，确保人员安全，控制感染风险。收治新冠肺炎患者及疑似患者发热门诊和病区（房）的潜在污染区和污染区产生的医疗废物，在离开污染区前应当对包装袋表面采用 1 000 mg/L 的含氯消毒液喷洒消毒（注意喷洒均匀），或在其外面加套一层医疗废物包装袋。

58. 医疗废物要建立台账吗？台账要记录哪些内容？

答： 医疗废物必须建立台账。根据《医疗卫生机构医疗废物管理办法》（卫生部令 第36号）第二十四条规定，医疗卫生机构应当对医疗废物进行登记，登记内容应当包括医疗废物的来源、种类、重量或者数量、交接时间、最终去向以及经办人签名等项目。登记资料至少保存3年。

规范的医疗废物管理台账内容主要有：一是医疗废物管理责任制材料，包括医疗废物管理部门及职责、管理制度等。二是医疗废物交接登记材料，包括各医疗废物产生科室及暂存处置医疗废物的收集登记记录，与医疗废物集中处置中心签订的协议，危险废物转移联单，医疗废物产生、处置年报表等。三是医疗废物培训、收集工作人员健康档案，突发事件应急预案，卫生健康等主管部门日常监督检查记录等材料。

59. 医疗废物的贮存需要什么条件？

答： 医疗废物的暂时贮存主要发生在医疗卫生机构和医疗废物集中处置单位两类场所。《医疗卫生机构医疗废物管理办法》（卫生部令 第36号）和《医疗废物集中处置技术规范（试行）》（环发〔2003〕206号）对两类场所的暂时贮存分别提出了要求。

医疗卫生机构应当建立医疗废物暂时贮存设施、设备，不得露天存放医疗废物；医疗废物暂时贮存的时间不得超过2 d。《医疗废物集中处置技术规范（试行）》第二章2.1～2.5条，分别对设有住院病床和不设住院病床的医疗机构建设专门暂存库房和专用贮存柜（箱）以及卫生要求、暂时贮存时间和管理制度做出了规定。

医疗废物处置单位应当建设具有良好防渗性能且易于清洗和

消毒的医疗废物暂时贮存库房，必须附设污水收集装置。进入处置单位的医疗废物若不能立即处置，应盛装于周转箱内贮存于暂时贮存库房中。当处置场医疗废物暂存温度 ≥ 5℃，医疗废物暂存时间不得超过 24 h；暂存温度 < 5℃，暂存时间不得超过 72 h。

在新冠肺炎疫情期间，医疗废物的贮存有特别要求。医疗卫生机构贮存场所应按照卫生健康主管部门要求的方法和频次消毒，医疗废物暂存时间不超过 24 h。医疗废物处置单位对于运抵处置场所的医疗废物尽可能做到随到随处置，暂时贮存时间不超过 12 h。

60. 我国医疗废物应急处置能力现况如何？

答：根据生态环境部发布的《新型冠状病毒感染的肺炎疫情医疗废物应急处置管理与技术指南（试行）》，新冠肺炎疫情期间可以作为医疗废物应急处置能力建设的备选设施包括可移动式医疗废物处置设施、危险废物焚烧设施、生活垃圾焚烧设施及工业炉窑等。生态环境部 2020 年 3 月 6 日公布的全国医疗废物、医疗废水处置和环境监测情况显示，截至 2020 年 3 月 3 日，全国医疗废物处置能力为 5 948.5 t/d，相比疫情前的 4 902.8 t/d，增加了 1 045.7 t/d。

61. 哪些类型的废物应急处置设施可以纳入应急处置资源？

答：根据生态环境部发布的《新型冠状病毒感染的肺炎疫情医疗废物应急处置管理与技术指南（试行）》，新型冠状病毒感染的肺炎患者产生的医疗废物宜采用高温焚烧方式处置，在确保处置效果的前提下也可以采用高温蒸汽消毒、微波消毒、化学消毒等非焚烧方式处置。按照此技术路线的选取原则，专业可移动式医疗废物处置设施采用的工艺技术包括焚烧、高温蒸汽消毒、微波消毒、化学消毒等方式，可作为肺炎疫情医疗废物应急处置的备选资源。采用高温焚烧技术的固体废物处置设施，如危险废物焚烧设施（焚烧温度高于 1 100℃）、生活垃圾焚烧设施（焚烧温度高于 850℃）、炉窑温度高于 850℃ 的工业炉窑等均可纳入医疗废物应急处置的备选资源。

62. 通过什么样的途径才能纳入应急处置资源?

答: 根据《新型冠状病毒感染的肺炎疫情医疗废物应急处置管理与技术指南（试行）》，以设区地市为单位统筹本辖区内医疗废物应急处置设施资源。各地需摸排调度可作为医疗废物应急处置设施的资源情况，将符合应急处置条件的可移动式医疗废物处置设施、危险废物焚烧设施、生活垃圾焚烧设施、工业炉窑等纳入疫情医疗废物应急处置资源清单。

63. 应急处置资源通过什么样的流程才能开展相关的应急处理工作?

答: 根据《新型冠状病毒感染的肺炎疫情医疗废物应急处置管理与技术指南（试行）》，各设区的市级生态环境主管部门应做好医疗废物处置能力研判，制定医疗废物应急处置预案，在满足卫生健康主管部门提出的卫生防疫要求的情况下，向本级人民政府提出启动医疗废物应急处置的建议，经本级人民政府同意后才能启用应急处置设施。对医疗废物处置能力存在缺口的地市，也可以通过省级疫情防控工作领导小组和联防联控工作机制或者在省级生态环境主管部门指导下，协调本省其他地市或者邻省具有富余医疗废物处置能力的相邻地市建立应急处置跨区域协同机制。

64. 医疗废物焚烧炉的技术性能要求有哪些？

答： 医疗废物集中处置执行《医疗废物集中处置技术规范（试行）》确定的"焚烧炉温度"和"停留时间"指标。医疗废物分散处理执行《危险废物焚烧污染控制标准》（GB 18484—2001）表 2 中"医院临床废物"的"焚烧炉温度"和"烟气停留时间"指标。同时处置医疗废物和危险废物的，执行 GB 18484—2001 中表 2"危险废物"的"焚烧炉温度"和"烟气停留时间"指标。《医疗废物集中处置技术规范（试行）》未规定的其他要求按 GB 18484—2001 执行。

根据《危险废物焚烧污染控制标准》（GB 18484—2001）、《医疗废物焚烧炉技术要求（试行）》（GB 19218—2003）以及《医疗废物焚烧环境卫生标准》（GB/T 18773—2008），焚烧炉技术性能要求如下：

（1）医疗废物焚烧炉的技术性能指标为：焚烧炉温度 ≥ 850℃，烟气停留时间 ≥ 2s，焚烧残渣的热灼减率 < 5%。

（2）焚烧炉主燃烧室炉膛容积热负荷和断面热负荷的选择应

满足废物在 1 000 kcal/h 低位热值时，炉膛中心温度不低于 750℃ 的要求。炉膛尺寸的选择应保证医疗废物在炉膛内有足够的停留时间，确保废物充分燃尽。

（3）医疗废物焚烧炉出口烟气中的氧气含量应为 6%～10%（干烟气）。

（4）医疗废物焚烧炉运行过程中要保证系统处于负压状态，避免有害气体逸出。

（5）炉体表面温度不得高于 50℃。

（6）焚烧炉排气筒高度应该按照 GB 18484—2001 的规定执行。

（7）噪声限值≤ 85dB（A）。

（8）残留物含菌量：无。

（9）燃烧效率≥ 99.9%。

（10）焚烧去除率≥ 99.99%。

65. 如何完善应急处置医疗废物的技术管理体系？

答： 一方面要完善医疗废物相关技术标准规范体系。系统开展医疗废物集中处置、高温蒸汽消毒、化学消毒、微波消毒等医疗废物、医疗废水标准规范制修订工作。研究制定可移动式医疗废物处置设施污染控制技术规范和危险废物经营许可审查指南。

另一方面应编制医疗废物应急处置相关技术标准规范。根据此次肺炎疫情医疗废物应急处置经验，结合卫生健康主管部门甲类、乙类等传染病疫情防控级别，制定重大疫情期间危险废物焚烧设施、生活垃圾焚烧设施、水泥窑等应急处置医疗废物技术规范。

66. 与焚烧处置系统相关的环境法规和标准有哪些?

答: 焚烧方式包含医疗废物焚烧、危险废物焚烧、生活垃圾焚烧以及工业炉窑(如水泥窑)等。与焚烧处置系统相关的法律法规主要有:《中华人民共和国固体废物污染环境防治法》(中华人民共和国主席令 第 31 号)、《中华人民共和国传染病防治法》(中华人民共和国主席令 第 17 号)、《危险废物经营许可证管理办法》(国务院令 第 408 号)、《医疗废物管理条例(2011 年修正本)》(国务院令 第 380 号)。

相关标准规范主要有:《医疗废物集中焚烧处置工程建设技术规范》(HJ/T 177—2005)、《医疗废物焚烧炉技术要求(试行)》(GB 19218—2003)、《医疗废物焚烧环境卫生标准》(GB/T 18773—2008)、《危险废物(含医疗废物)焚烧处置设施性能测试技术规范》(HJ 561—2010)、《医疗废物集中焚烧处置设施运行监督管理技术规范(试行)》(HJ 516—2009)、《危险废物焚烧污染控制标准》(GB 18484—2001)、《危险废物集中焚烧处置工程建设技术规范》(HJ/T 176—2005)、《生活垃圾焚烧污染控制标准》(GB 18485—2014)、《生活垃圾焚烧处理工程技术规范》(CJJ 90 —2009)、《水泥窑协同处置固体废物污染控制标准》(GB 30485—2013)、《水泥窑协同处置固体废物环境保护技术规范》(HJ 662—2013)等。

67. 医疗废物集中焚烧处置单位的监测记录应包括哪些内容？

答： 监测记录应包括的内容为：

（1）记录每一批次医疗废物焚烧的种类和重量。

（2）连续监测二燃室烟气二次燃烧段前后的温度。

（3）根据《排污许可申请与核发技术规范 危险废物焚烧》（HJ 1038—2019），对集中焚烧处置设施排放的烟尘、CO、SO_2、NO_x、HCl 实施连续自动监测，并定期辅以采样监测。HF、二噁英采样监测为半年 1 次，重金属及其化合物采样监测为每月 1 次。

（4）按照《危险废物焚烧污染控制标准》（GB 18484—2001）规定，至少每 6 个月监测一次焚烧残渣的热灼减率。

（5）每年至少对周边环境空气及土壤中二噁英、重金属进行 1 次监测，以了解建设项目对周边环境空气及土壤的污染情况。

（6）记录医疗废物处置最终残余物情况，包括焚烧残渣与飞灰的数量、处置方式和接收单位。

第六章

—

疫情医疗废物应急焚烧处置技术展望

—

Prospects
of Emergency Incineration Techniques
of Epidemic Medical Waste

68. 疫情医疗废物应急焚烧处置技术在实际应用中存在哪些困难？

答： 相对于医疗废物的集中处置，利用应急焚烧处置技术分散式处置疫情医疗废物存在的困难主要表现在：

（1）产品规制不同。目前应急焚烧处置设备绝大多数为非定型产品，有的是应急产品应急造，产品规制不同，技术参数各异，操作规范难以统一。

（2）劳动强度大。通常需要专业人员进行应急焚烧处置设备现场投放及日常维护，且人员数量和工作强度要远大于集中式处理。毕竟是和医疗废物短兵相接，需要对人员开展防疫培训和操作培训。

（3）现场管理要求高。现场设备、材料要分区分类存放，避免交叉感染和安全问题（特别是油料库或桶的布置）。通常应划分高危区、污染区、一般区和清洁区。部分环节如焚烧处理的投料等，操作不当或者工艺本身就有可能造成污染（传染）扩散。

（4）环境管理难度大。医疗废物处理不能过于分散，应相对集中。偏远地方且医疗废物产生量不大时，可以选择应急焚烧处置设备。分散式处理选址除了考虑环境因素，还要考虑配套条件（水、电、燃料等）。若选址不当，噪声可能会引起居民投诉。

（5）设备适应范围有限。疫情期间，医疗废物的组成、体积、热值、状态与平时的医疗废物有很大差异，需要有针对性地设计废物处置方案。

总之，疫情期间，应急焚烧处置只能作为集中式处置的有效补充，是一种应急处置手段。

69. 疫情医疗废物应急焚烧处置技术及管理可从哪些方向加以改进？

答： 结合新冠肺炎疫情医疗废物应急焚烧处置实践，该处置技术及管理可从以下方向加以改进：一是疫情医疗废物应急焚烧处置装置需要将人工投料方式改为机械自动投料；二是考虑到疫情期间可能存在超大体积的医疗废物（如棉被、床垫等），可以配置负压或密闭的粉碎预处理装置；三是鉴于目前医疗废物垃圾桶重复使用带来的风险，未来考虑采用一次性垃圾桶（成本增加可以忽略），这种桶密封后无法打开，以避免污染（传染）扩散，可将投料过程的风险降到最低。结合物联网技术，利用垃圾桶上标识的二维码，可实现医疗废物重量数据、环保数据采集和视频传输等功能，确保分散式焚烧处理涉疫情医疗废物从"摇篮"到"坟墓"的全过程管理。

70. 如何建立无人值守的全智能应急焚烧技术体系？

答： 无人值守，指的是在没有人为干预的情况下，通过智能远程管理系统便能实现其完整功能的技术体系。医疗废物的现场人员操作危险程度较高，存在被二次感染的可能性，因此减少现场操作人员的数量或避免现场人员干预是未来医疗废物应急焚烧的一个重要趋势。

无人值守的全智能应急焚烧技术体系建设包括硬件和软件两

方面。硬件部分包括医疗废物转运上料系统、焚烧系统、烟气净化系统和专家控制系统。医疗废物转运上料系统要通过机器视觉、计算机图形识别等技术实现有效分类，通过 RFID、AGV 智能小车等技术实现有效分区，通过智能手臂、抓斗等技术实现无人上料；焚烧系统、烟气净化系统等目前都已经实现了自动运行，将来可进一步提高制造精度、提升运行可靠性；专家控制系统除了要实现常规控制系统已经具备的连续进料、连续处理、连续出料等功能外，还需配备自学习系统，通过学习历史操作数据进行自动优化并调整前端运行参数，实现焚烧的最佳配伍。

软件部分为远程综合监控系统，由三个部分组成：一是前端综合监控设备（包括音视频监控、环境变量监控、现场 PLC 控制监控等）、综合监控主机、综合监控软件等；二是网络传输部分，包括宽带网络、无线网络、ADSL 或行业用户专网等；三是管理中心软件平台，包括无人值守服务器、监控终端、MIS 网络终端等。无人值守远程综合监控系统通过在前端分类、上料、焚烧、净化等工段安装摄像机、微音探头、传感器、周界报警等高科技设备，实时数字化存储记录，实时监看前端图像，并对前端的所有突发情况进行高效、及时的处理，可大幅度提高应急处置的实时性和有效性，降低人员感染风险。